乐高机器人培训丛书

U0155059

乐高
SPIKE Prime 入门

郑剑春 / 主编

清华大学出版社

北 京

内 容 简 介

本书选用乐高 Prime 科创套装，通过机器人学习编程的初级课程。本书结合图形化编程软件进行讲解，适合小学高年级和初中学生使用，通过学习让学生掌握编程与人工智能的基础知识，体验编程的乐趣，同时为今后的创新、创作打下扎实的基础。本书对编程的主要概念和方法以及所用传感器进行了详尽的介绍，内容循序渐进，并提供了大量的应用案例。本书可以帮助学生打下扎实的编程基础，同时也可以作为创客教师的教学参考用书。

图书在版编目（CIP）数据

乐高 SPIKE Prime 入门 / 郑剑春主编 . —北京：清华大学出版社，2021.7（2024.6重印）
（乐高机器人培训丛书）
ISBN 978-7-302-57168-1

Ⅰ . ①乐… Ⅱ . ①郑… Ⅲ . ①智能机器人 – 程序设计 – 青少年读物 Ⅳ . ① TP242.6-49

中国版本图书馆 CIP 数据核字（2020）第 259421 号

责任编辑：张　弛
封面设计：刘　键
责任校对：赵琳爽
责任印制：沈　露

出版发行：清华大学出版社
　　　　　网　　　址：https://www.tup.com.cn, https://www.wqxuetang.com
　　　　　地　　　址：北京清华大学学研大厦A座　　　　　邮　　编：100084
　　　　　社 总 机：010- 83470000　　　　　邮　　购：010-62786544
　　　　　投稿与读者服务：010-62776969, c-service@tup.tsinghua.edu.cn
　　　　　质量反馈：010-62772015, zhiliang@tup.tsinghua.edu.cn
印 装 者：三河市龙大印装有限公司
经　　销：全国新华书店
开　　本：203mm×260mm　　　印　　张：5.5　　　字　　数：99千字
版　　次：2021年7月第1版　　　印　　次：2024年6月第4次印刷
定　　价：49.00元

产品编号：089328-01

前 言

　　本书是一本选用乐高Prime科创套装作为载体学习编程的教材，希望通过将机器人硬件与编程相结合，培养学生的动手能力和创新思维，选择乐高器材是因为经过多年的探索我们发现乐高产品对不同年龄的学生都有很好的针对性，适合学生的心理和智力发展，而且乐高教育的产品贯通于学生的各年龄段，每个年龄段学生的课程都会成为下一阶段学习的基础。选用乐高Prime产品，可以使教育具有很好的可持续性。同时乐高Prime具有广泛的兼容性，与国际品牌的传感器和主流的编程环境兼容，学生通过学习乐高机器人，可以融入世界机器人教育的发展中，对学生们开阔视野具有很重要的意义。

　　机器人并不是一个简单的玩具，仅仅学会如何操作机器人是不够的，在课堂教学中引入机器人，可以为组织课堂教学提供多样化的选择，让协作、交流、表达、分享这些在传统课堂中不易培养和发现的能力有展示和发展的环境，让教师在教学过程中更好地发现学生的潜力和心智特点，从而因材施教。

　　我们在机器人教学中进行了多年的尝试，出版了多本教材，针对不同年龄段的学生进行了多年的探索，从机器人结构到程序设计和人工智能，我们感到信息化2.0时代的到来将会给教育带来重大的变革。如何在信息爆炸的时代面对广博的知识，让学生保留探索的兴趣，获得学习的乐趣，同时又不迷失在知识的海洋中，是我们希望通过这本书告诉读者的一点体会。古人云：登高而招，则见者远；顺风而呼，则闻者彰。我们要想不迷失在知识信息的海洋中，就要站在巨人的肩上，在信息化时代，教师不再仅是知识的传播者，而是学生人生的引路人和学习的指导者，只有教师将自己的经验、感悟给予学生，学生才会获得学习的能力。

　　本书所用器材获赠于乐高教育，编者多年来受惠于乐高教育的支持，乐高教育支持了编者多本教材的编写，在此表示衷心的感谢。

郑剑春

2021年1月

目　录

第一节
认识Prime科创套装

LEGO® Education SPIKE™ Prime 科创套装是乐高教育开发的针对 STEAM 学习的工具。Prime 科创套装结合了色彩丰富的乐高积木颗粒、易于使用的智能硬件和以图形化编程平台为基础的直观图形编程语言，适合小学高年级和初中学生使用，以此学习编程、动手创作、进行各学科研究性学习。学生可以通过寓学于乐的学习方式获得审辩式思维和解决复杂问题的能力。

智能集线器

Prime 科创套装提供了可编程式智能集线器。这是一款集电源、传感器，以及控制器于一体的积木形设备，它拥有 6 个输入 / 输出端口、5×5 矩阵灯、蓝牙连接、扬声器、6 轴陀螺仪和可充电电池。它可以通过 USB 线或蓝牙与计算机连接。

其中陀螺仪是位于智能集线器中的一个重要的传感器，通过这一传感器我们可以检测智能集线器的运动状态和所处角度。陀螺仪是一种用来传感与维持方向的装置，是基于角动量守恒的理论设计出来的。陀螺仪主要是由位于轴心且可旋转的转子构成。六轴陀螺仪可以分别感应 Roll（左右倾斜）、Pitch（前后倾斜）、Yaw（左右摇摆）以及三轴加速度的全方位动态信息。智能集线器如图 1-1 所示。

图 1-1 智能集线器

电机

电机是机器人运动最常用的部件。除此之外，还有液压、气动等驱动方式。对一个机器人最主要的控制就是控制其移动，无论是自身的移动还是手臂等关节的移动，机器人驱动器中最核心的问题就是控制电机转数，从而控制机器人移动的距离和方向、机械手臂弯曲的程度或者移动的距离等。Prime 科创套装提供了大型电机和中型电机两种电机。这两种电机具有集成式高级转动传感器，可以报告速度和位置信息。如果是手动旋转，电机也可以直接测量到用户的输入，可以同时作为传感器使用。

Prime 科创套装提供的两种电机如图 1-2 所示，其区别在于内部齿轮传动结构的不同，因此会提供大小不同的转动力矩。

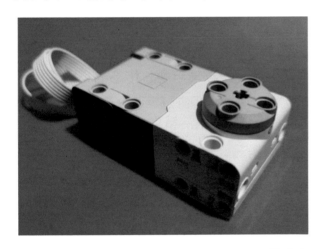

图 1-2　电机

力传感器模块

Prime 科创套装提供的力传感器可以测量受力的大小，以及是否被触碰的状态检测。力传感器是用来检测触碰或者接触信号的，比如机械手臂的应用，当一个东西运动到机械手臂中时，并让机械手臂自动抓住它，这里就需要力传感器检测东西抓得紧不紧。典型的力传感器是微动开关和压敏传感器。微动开关其实就是一个小开关，通过调节开关上杠杆的长短能够调节触碰开关力的大小。但是这种传感器必须事先确定好力的阈值，也就是说只能实现硬件控制。而压敏传感器能根据受力大小自动调节输出电压或电流，从而实现软件控制。力传感器如图 1-3 所示。

图 1-3　力传感器

颜色传感器模块

　　颜色传感器可将接收到的光值返回给机器人，同时也可作为非编程式灯光输出，通过颜色传感器所提供的信息，可以进行颜色、反射率和环境光强度的测量；颜色传感器是机器人在运动过程中应用广泛的一种传感器，它可以测量光的反射值（就像光电传感器那样），用于检测周围反射光的强度，也可以检测颜色。在自动化流水线上，颜色传感器被大量用于遴选不同的产品。颜色传感器检测颜色时通过返回的数值提供检测的结果，返回值与颜色的对应结果如下。

返回值	0	1	3	4	5	7	9	10	−1
颜色	黑	紫	蓝	浅蓝	绿	黄	红	白	无色

　　颜色传感器如图 1-4 所示。

图 1-4　颜色传感器

距离传感器模块

距离传感器（见图 1-5）即超声波传感器，是用来测量距离的电子模块，主要由超声波发射器、超声波接收器和控制电路组成。当超声波发射器收到指令时，会向前方发出耳朵听不出的高频声波，在发射的同时开始计时，超声波在空气中传播，途中碰到障碍物就立即返回来，当反射回来的声波被超声波接收器收到时，超声波接收器会立即停止计时。距离传感器工作原理如图 1-6 所示。

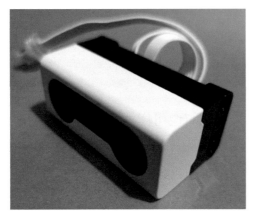

图 1-5　距离传感器

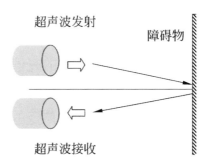

图 1-6　距离传感器工作原理

声波在空气中的传播速度大约是 340m/s，根据计时器记录的时间 t，控制器就可以计算出发射点距障碍物的距离 s。

乐高 Prime 所提供的这一距离传感器在"眼睛"周围配有光输出，分为 4 个部分，可单独启动。

拓展与提高

我们在本节中认识了哪几种传感器？请同学们想一想这些传感器可以应用在哪些地方？如果我们学会这些传感器的使用，可以有哪些创作，请与同学们分享你的想法。

传感器种类	作用和应用场景	创作想法

第二节
编 程 环 境

初次使用 Prime 科创套装时我们需要安装编程软件，乐高教育网站 https:// education.lego.com/zh-cn/downloads 提供了软件下载，我们只要选择 Prime 科创套装，然后单击"点击下载"按钮即可安装，如图 2-1 所示。

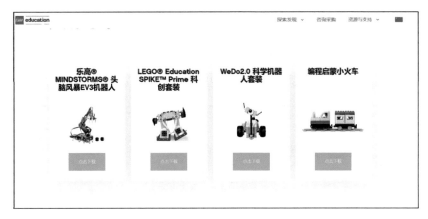

图 2-1　下载软件

初识SPIKE

运行 SPIKE 软件将出现如图 2-2 所示的界面。

图 2-2　SPIKE 编程环境

　　SPIKE 软件在提供编程环境的同时，也提供了大量可供学习的案例和搭建手册，对于初学者具有很好的启发，如果要建立自己的程序，只需在屏幕深色区域单击或关闭首页即可。要新建一个程序，应选择新建项目，如图 2-3 所示。

图 2-3　学习或新建项目

　　选择新建项目就进入了编程界面，在此可以编写程序，如图 2-4 所示。

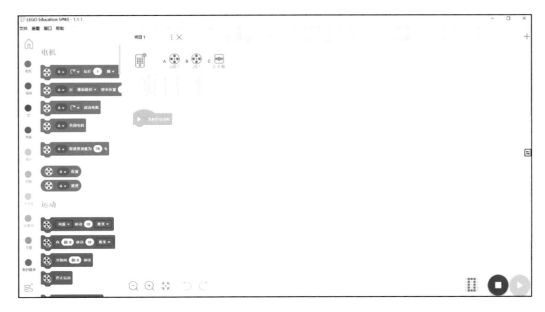

图 2-4　编程界面

　　按照功能分类，编程环境可以分为积木区和舞台区两个主要功能区域。编程界面右下角有程序运行、停止指令与运行模式的选择，在编程区上方还有连接状态显示，如图 2-5 所示。

　　（1）积木区：针对机器人各种指令对应不同颜色、形状的积木模块，这些积木模块即编程中所用的程序指令，将这些积木拖动到舞台区按照一定方式搭建起来，就可以完成程序的编写。

　　（2）编程区：这一区域用于设计程序作品，通过一些组合与搭建，完成具有一定功能的程序。

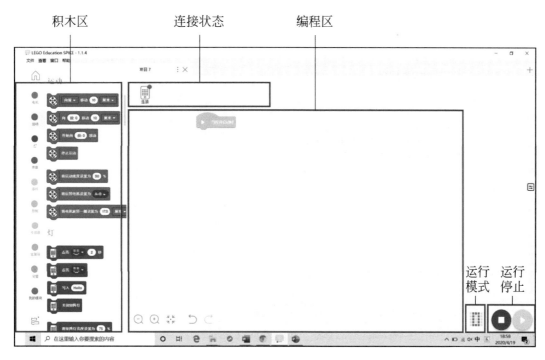

图 2-5　软件功能区

（3）连接状态：显示机器人目前是否与计算机连接，如果已经与计算机连接，显示机器人具有的电机、传感器连接端口与检测数值。

（4）运行模式：Prime 科创套装提供了串流和下载两种运行模式，如图 2-6 所示。如果选用串流模式，可以在计算机上读取电机与传感器的各种数据，下载模式需要将程序下载到智能集线器中进行运行。

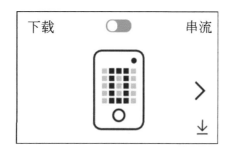

图 2-6　两种运行模式

连接智能集线器

如果我们用 USB 线将智能集线器与计算机连接，打开智能集线器电源，智能集线器会自动与计算机连接，在连接状态中会显示出连接的电机和传感器的信息。如果想使用蓝牙连接，我们需要单击按钮进入连接向导，如图2-7所示。

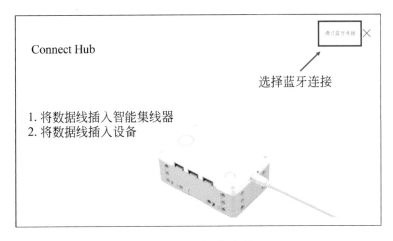

图2-7　蓝牙连接

选择蓝牙连接方式，按提示进行操作完成连接。连接完成后，在连接状态区将显示与机器人相连接的电机与传感器的状态，如图2-8所示。

图2-8　电机与传感器的状态

图2-8中的状态表示智能集线器在端口C连接了一个电机，转动角度为2°，在端口A连接了力传感器，受力为0。其中电机位置、转动角度如图2-9所示，转动角度为0°~360°。

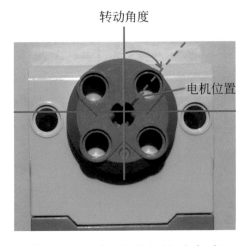

图2-9　电机位置和转动角度

智能集线器设置

连接智能集线器后，我们可以单击 按钮进入智能集线器进行设置，可以选择传感器和电机反馈的不同物理量，如力传感器可以选择力、被触碰、压力；电机可以选择功率、速度、运转角度、位置；智能集线器可以选择倾角、方向、陀螺仪速率、加速度，如图 2-10 所示。

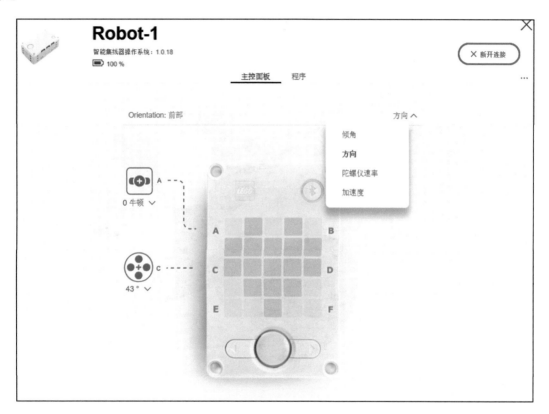

图 2-10　智能集线器设置

同时还可以对集线器进行重置和重命名，如图 2-11 所示，作者将自己这台智能集线器命名为 Robot-1。

图 2-11　重置和重命名

第一个程序

制作一个机器人小车，如图 2-12 所示，详细步骤见下文。

图 2-12　机器人小车

任务 1　让机器人行走 5 秒，停止

端口设置

端口	A	B	C	D	E	F
器材			电机	电机		

算法分析

（1）设置电机端口。让机器人行走必须用到运动模块，在运动模块中，需要进行机器人电机端口的设置，如图 2-13 所示。

图 2-13　设置电机连接端口

由于电机连接端口是可以随意接入的，因此要对端口进行设置，这样才可以保证后续的指令正常发挥作用。配以向前运动指令，不同的设置会有不同的运动方向，如图 2-14 所示。

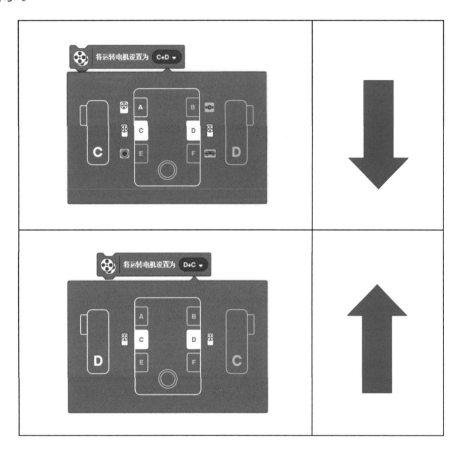

图 2-14　设置与运动方向

（2）运动速度的设置。不同情况下对运动速度的要求是不同的，默认的运动速度为 50%，可以设置 0%~100% 的运动速度，如图 2-15 所示。

图 2-15　速度设置

（3）向前行走的积木块如图 2-16 所示。

图 2-16 向前移动指令

不仅可以设置转动的时间，还可以设置运动的距离、转动的圈数以及角度作为运动的选项。也可以对运动方向进行设置，如图 2-17 所示。

图 2-17 运动方向指令

我们可以在图 2-17 所示的指令中设置运动的角度，包括左、右转动的角度。

（4）设置运行指令。每一程序都要有一个启动模块，本程序中选择程序启动事件作为运行程序的指令。

参考程序

参考程序如图 2-18 所示。至此我们就完成了程序的编写，下一步就要将程序下载，让机器人动起来。

图 2-18 参考程序

下载和运行

下载

完成的程序有串流和下载两种方式运行。串流是联机运行的过程，要求将智能集线器与计算机通过 USB 线或蓝牙连接的方式运行；如果选择下载的方式，可以将程序下载到智能集线器中，脱离计算机独立运行。

如图 2-19 所示，单击左、右箭头可以选择下载位置，在屏幕上有数字显示，智能集线器提供了从 0~19 共 20 个存储位置，可以存储 20 个程序。

图 2-19　选择下载位置

单击 ↓ 按钮即可下载。

运行

通过智能集线器面板上的左、右按键选择要运行的程序，然后按启动键即可运行，如图 2-20 所示。

图 2-20　运行程序

拓展与提高

（1）制作机器人小车，编写程序，让机器人完成一个如图 2-21 所示的运动，然后回到出发点。在屏幕上显示所走矩形的面积。同学间可以进行一次比赛，看哪一小组的

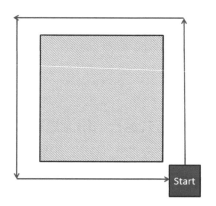

图 2-21　机器人运动场地

同学所用时间最少。

　　（2）制作一个依次出现的箭头，如图 2-22 所示，当按左键时向左指示三次，当按右键时向右指示三次。

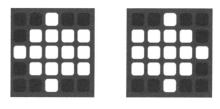

图 2-22　程序运行效果

第三节
变量与运算

数据是程序设计的一个重要内容。数据类型决定了该数据的类型、取值范围及所能参与的运算。SPIKE 提供了基本数据类型。在应用时将分别给学生加以介绍。

变量

变量来源于数学，是程序设计中的重要因素，任何复杂的程序都会有变量的参与，其重要特征是数据类型决定了该数据的类型、取值范围及所能参与的运算，变量可以通过变量名访问。在指令式语言中，变量通常是可变的，SPIKE 软件提供了变量和列表两种变量形式，如图 3-1 所示。

图 3-1　变量的两个形式

单击新建变量，输入变量名（见图 3-2），即可建立一个新变量 N。这时在积木区就可以见到所建立的变量和有关数字变量的运算指令，如图 3-3 所示。

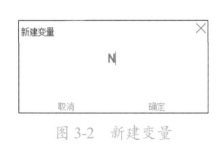

图 3-2　新建变量

图 3-3　新建的变量

变量既可以是数字，也可以是字符串或布尔值。如果是字符串，就可以使用有关字符串的运算指令，如图 3-4 所示。

SPIKE 并没有提供布尔值 T 或 F，但可以用一个布尔判断代替布尔值，如图 3-5 所示。

列表也是变量的一种形式，它是有序数据的集合，由一组数据或字符按一定顺序组合而成，可以通过数组索引（位置）访问其中的每一个元素。列表模块指令如图 3-6 所示。

图 3-4　字符串变量

图 3-5　布尔值变量

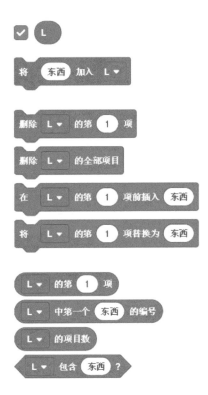

图 3-6　列表模块指令

运算

SPIKE 软件提供了运算符模块，包括运算、比较、随机值、逻辑以及数组和字符串处理。其功能如表 3-1 所示。

表 3-1　运算模块

积　木　块	功　　能	案　　例
	相加	A＋B
	相减	A－B

续表

积 木 块	功 能	案 例
(·)	相乘	A*B
(/)	相除	A/B
(< 100)	比较	A是否<100
(= 100)	比较	A是否=100
(> 100)	比较	A是否>100
◆ 与 ◆	逻辑	条件1和条件2是否同时成立
◆ 或 ◆	逻辑	条件1和条件2是否有一个成立
◆ 不成立	逻辑	条件是否不成立
0 是否介于 -10 和 10 之间?	逻辑	某值是否在某个区间
连接 apple 和 banana	连接字符串	将A和B连接为AB
apple 的第 1 个字符	获得指定索引的字符	获得apple的第一个字母: a
apple 的字符数	获得字符串的字符数	apple的字符数为: 5
apple 包含 a ?	判断某字符串是否包含某一字符	apple中包含a吗
(除以 (的余数	求余数	（10/3）的余数=1
四舍五入 (	四舍五入	3.15，保留一位小数: 3.2
四舍五入 (	取绝对值	–5取绝对值: 5 5取绝对值: 5
在 1 和 10 之间取随机数	随机模块	产生一个[1，10]的随机数

显示数字与图案

虽然智能集线器只提供了 5×5 矩阵灯，但这一屏幕却可显示字符串、数字和图案，作为机器人输出装置，可以通过屏幕显示的内容了解程序运行的状态。

任务 1　制作计数器

制作一个计数器，可以按左、右键进行加减并显示在屏幕上。

算法分析

（1）我们希望按智能集线器的左、右键可以实现加减数值、计数并显示在屏幕上。因此要建立一个变量存储数据，如图 3-7 所示。

（2）按左、右键可以作为计数的触发事件，因此选择事件中的当"左""右"按钮"被按压"，如图 3-8 所示。

图 3-7　新建变量

图 3-8　按左、右键作为触发事件

（3）变量数字加 1 或减 1，如图 3-9 所示。

（4）显示在屏幕上，如图 3-10 所示。

（5）开机或重启时设置变量初始值，将变量设置为 0，如图 3-11 所示。

图 3-9　变量运算

图 3-10　显示变量

图 3-11　设置变量初始值

参考程序

参考程序如图 3-12 所示。

图 3-12　参考程序

运行程序

每次开机时显示数字为 0，按左键则加 1，按右键则减 1。

通过上述任务我们学习了如何建立变量并在屏幕上进行显示，智能集线器上的屏幕虽然很简单，但却可以显示数字、文字和图案，下面我们了解一下显示图案的效果。

任务 2 乌龟快跑

绘制一个小乌龟，让它从屏幕外进入，在另一侧消失。

算法分析

（1）绘制一个所需的乌龟图案，如图 3-13 所示。

图 3-13 乌龟图案

（2）如果要显示图案的运动效果，就要绘制多个连续的图案，如图 3-14 所示。

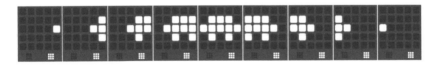

图 3-14 运动效果

（3）按智能集线器上的左、右键控制乌龟图案的运动。

参考程序

参考程序如图 3-15 所示。

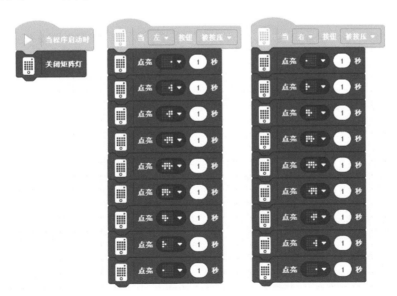

图 3-15 参考程序

拓展与提高

（1）制作一个计时器，当按下力传感器时开始计时，并在屏幕上显示剩余时间，配以提示音，以引起注意，提示音可使用声音模块，请学习使用。

（2）在屏幕上显示 I like ROBOT 并显示字符数。

第四节
程 序 结 构

为提高程序设计的质量和效率，程序编写通常采用结构化的程序设计方法，结构化程序由若干个基本结构组成。每个结构包括一个或若干个语句，有顺序结构、循环结构和选择结构三种基本结构。

顺序结构

顺序结构程序的执行是从第一个可执行语句开始，一个语句接一个语句地依次执行，直到程序结束语句为止。在程序运行过程中，顺序结构程序中的任何一个可执行语句都必须运行一次，而且只能运行一次。这样的程序结构最简单、最直观、最易于理解。顺序执行是程序执行的基本规则。在进行顺序结构程序设计时，也要结合程序流程图，设计好语句的前后顺序。

程序执行中先执行语句A操作，再执行语句B操作，两者是顺序执行的关系，如图 4-1 所示。

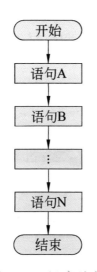

图 4-1　顺序结构

在 SPIKE 程序设计中，顺序结构是最简单的一类结构，这类结构的程序是按"从上到下"的顺序依次执行语句的，中间既没有调转性语句也没有循环语句。本节循环结构小节中依次出现的图案就是顺序结构。

模块扩展

单击模块区域下面的一个模块扩展按钮 ，可以导入更多模块，增加更多功能，如图 4-2 所示。

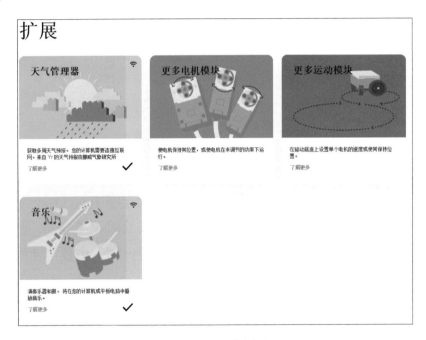

图 4-2　扩展模块

我们选择音乐和天气管理器模块，然后关闭扩展窗口，在模块区域就可以看到导入的相关模块，如图 4-3 所示。

图 4-3　天气模块

任务 1　在智能集线器屏幕上显示气温

算法分析

（1）导入的天气模块是基于互联网的模块，需要在网络环境中运行，所以这一模块只限于网络环境中以串流方式运行。

（2）将预报时间设置为"现在"，如图 4-4 所示。

（3）设置地点，如图 4-5 所示。

图 4-4 设置预报时间

图 4-5 设置地点

参考程序

参考程序如图 4-6 所示。启动程序即可在智能集线器上显示北京的气温。

舞台区右侧有一个显示 / 隐藏监视器按钮，如图 4-7 所示。通过这一按钮可以打开监视器。如果希望获得天气模块中的气压、风向等信息，可以在积木区勾选相应的积木块，如图 4-8 所示。

在监视器中就可以获得相关的数据，如图 4-9 所示。

图 4-6 参考程序

图 4-7 显示 / 隐藏监视器按钮

图 4-8 勾选相应积木块

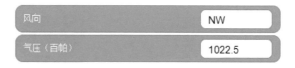

图 4-9 监视器中显示的数据

任务 2 使用音乐模块演奏音乐

算法分析

（1）虽然声音模块可以播放声音，但是如果想播放音乐，就要用到音乐模块。

（2）音乐模块中有 21 种演奏乐器可以选择，如图 4-10 所示。

（3）众多的击打效果选择如图 4-11 所示。

（4）演奏积木设置如图 4-12 所示。

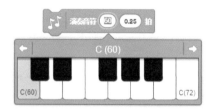

图 4-10　选择乐器　　　图 4-11　击打效果　　　图 4-12　演奏积木设置

还有演奏速度设置、休止符等，可以通过这些音乐模块设计我们的音乐作品。

参考程序

参考程序如图 4-13 所示。

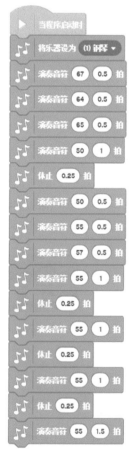

图 4-13　参考程序

音乐模块的编写程序只能以串流方式运行。请同学们运行程序并听听效果如何。

多线程

以上程序每一个时间点只能演奏一个音符，这样与实际音乐的效果不同。在机器人的应用中，我们希望机器人可以同时做不同的事，这就需要用到两个或多个线程。

如果希望在机器人行走过程中检测周围的光强，就需要同时进行行走和检测，而不是行走几秒然后停下进行检测，再继续行走。SPIKE 软件要实现同时让程序进行多个任务可以通过增加一个程序事件的方式来完成。如计数器的制作就是采用多线程的方式。在计数器程序中，我们随时检测左、右按钮的状态，考虑到演奏钢琴时左、右手演奏不同的音节，将程序改写为图 4-14 所示程序。

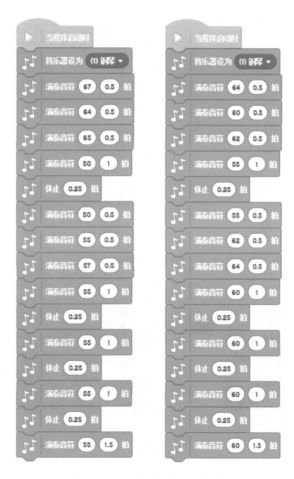

图 4-14　改写后的程序

请同学们运行程序，听一听音效是不是有了很大的改进。

任务　制作走正方形遇红乐高积木发声机器人

制作一个走正方形的机器人，当遇到红色乐高积木时发出声音并在屏幕上显示 R。

端口设置

端口	A	B	C	D	E	F
器材			电机	电机		颜色传感器

算法分析

机器人在行走的同时要检测是否遇到了红色积木，这是一个多线程的问题，因此我们选用两个独立线程来完成不同的任务。

为实现机器人走正方形，我们可以设置电机、速度，并使用前进、转弯这样简单的指令来完成。

为了检测红色积木，我们可以选择检测到红色作为事件，当检测到红色时，在屏幕上写入 R，等待 1 秒，进而点亮屏幕。

参考程序如图 4-15 所示。

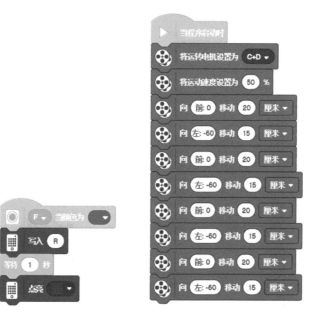

图 4-15　参考程序

循环结构

循环结构有多种形式。无论是有限循环还是条件循环，都有自己的控制条件和判别方式。无论使用哪种循环，都要注意语句之间的匹配。在机器人的程序控制中循环条件往往与传感器检测的数值有关，而传感器的应用与对环境的检测又必须依赖于程序的循环结构，正确调用传感器的测量值是保证程序设计与机器人正常工作的关键。

有限循环

有限循环是指事先设定了循环次数的循环过程，当循环次数小于等于设置次数时，执行循环，否则程序执行循环外面的指令。有限循环模块执行过程如表 4-1 所示。

表 4-1　有限循环模块

编　程　说　明	描　　　述
重复执行 10 次	功能:重复执行指令 参数:重复次数

任务 1　用有限循环模块编写走矩形的机器人程序

端口设置

端口	A	B	C	D	E	F
器材			电机	电机		

算法分析

（1）走矩形路径的机器人只要直行、转弯，重复四次就可回到起始状态，因此我们可以将直行、转弯作为循环体，设置循环变量的变化范围，以保证循环体被执行四次。

（2）直行，左、右电机同时向前运动一段距离，如图 4-16 所示。

（3）转弯，左、右电机以不同的速度行进，完成转弯，如图 4-17 所示。

图 4-16　前进一段距离

图 4-17　转弯

参考程序 1

参考程序如图 4-18 所示。

图 4-18   参考程序 1

参考程序 2

另有同学编写如图 4-19 所示程序，请根据程序测试哪一种程序更准确、更易于调试。

图 4-19   参考程序 2

任务 2   制作一个呼吸灯

算法分析

呼吸灯是指灯的亮度由弱到强，再由强到弱，依次循环，好像人体呼吸的效果。

可以通过控制灯光的指令控制灯光的亮度，如图 4-20 所示。

图 4-20   控制亮度指令

通过有限次循环，让参数由 0 变到 100，就可以实现亮度逐渐变亮的效果。

依次实现变亮与变暗即可以完成任务要求。

参考程序

参考程序如图 4-21 所示。

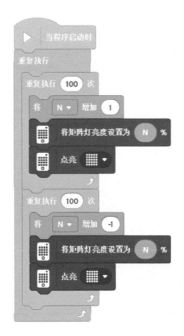

图 4-21 参考程序

任务 3 让 LED 灯光从上到下、从左向右依次点亮，稍后再反向熄灭

算法分析

（1）点亮 LED 灯，需要积木块如图 4-22 所示。

图 4-22 控制灯光指令

其中坐标点 x、y 分别取值为 [1，5]，% 前的数字表示光点的亮度，取值为 [0，100]，其中 0 表示熄灭状态。屏幕坐标如图 4-23 所示。

（2）本程序用到嵌套结构，所谓嵌套结构，是指一个循环中有另一个循环结构，如

图 4-24 所示。

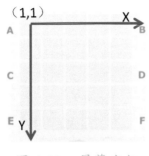

图 4-23　屏幕坐标

图 4-24　嵌套结构

（3）建立两个变量 x、y 分别控制 X 和 Y 坐标，通过变量的改变依次点亮或熄灭 LED 灯。

参考程序

参考程序如图 4-25 所示。

图 4-25　参考程序

　　涉及变量的程序编写和调试时建议打开监视器，以便观察程序运行时变量的变化，这可以帮助我们及时发现程序编写过程中的错误。

条件循环

　　SPIKE 提供的条件循环是指一直执行循环，直到符合某种条件时停止执行，而这种条件既可以是数学或逻辑的表述，也可以是对传感器检测结果的判断。条件循环模块执行过程如表 4-2 所示。

表 4-2　条件循环模块

编 程 说 明	描　述
 重复执行直到 ◆	功能：重复执行指令 参数：某种条件

任务 1　机器人一直行走，直到检测到黑线停止运动

端口设置

端口	A	B	C	D	E	F
器材			电机	电机	颜色传感器	

算法分析

　　（1）黑线检测是一个机器人教学、比赛中很重要的内容，虽然我们提供了颜色传感器，但在检测场地中的黑线时，我们不建议用颜色来检测，因为很多场地中颜色会受环境影响容易产生误测，采用反射光强度来检测会更准确。

　　（2）阈值：检测黑线问题首先要了解一下什么是阈值，阈值＝（黑线外反射光值 ＋ 黑线反射光值）/2。

　　（3）具体测量方法，我们可以下载图 4-26 所示的程序。分别测量黑线外的反射光值，如图 4-27 所示。

图 4-26　程序

　　看到机器屏幕上显示出相应的检测数值，我们可以凭此设置阈值。如果检测反射光亮度，在黑线处数值为 20，在黑线外数值为 80，我们可以将阈值设为其平均值 50。

　　（4）当检测值不小于阈值时，说明没有检测到黑线，机器人可以继续向前行进，当检测值小于阈值时表示碰到了黑线，会停止循环，执行循环结构外面的指令，停止运动。

图 4-27　测量反射光值

参考程序

参考程序如图 4-28 所示。

图 4-28　参考程序

任务 2　机器人在黑线间循环运动

机器人在两条黑线间循环运动 3 次，场地如图 4-29 所示。

图 4-29　机器人场地

端口设置

端口	A	B	C	D	E	F
器材			电机	电机	颜色传感器	

算法分析

（1）本任务可以在上一任务例遇黑线停止的基础上进行改进，改为检测到黑线即后退。我们通过重新设置左、右电机来改变前进指令的效果，将前进指令变成后退指令，如图 4-30 所示。

图 4-30 重设左、右电机

（2）由于惯性效果，当机器人压到黑线时将退出循环，不再向前运动，但是如果此时仍然检测到黑线，机器人将无法判断应该如何行进，我们应该强制机器人检测到黑线时反向运动一段距离，以确保离开黑线。

（3）通过有限循环的嵌套方式实现循环 3 次。

（4）我们可以通过在设置电机时使用同一条前进指令，以获得前进和后退两种效果。

参考程序

参考程序如图 4-31 所示。

图 4-31 参考程序

任务 3　制作满天繁星效果

制作一个满天繁星效果，在屏幕上，随机点亮 LED 灯，并随机熄灭。当检测到力传感器发生触碰时停止。

端口设置

端口	A	B	C	D	E	F
器材					力传感器	

算法分析

本任务中我们选用条件循环结构，力传感器未检测到触碰作为循环执行的条件。通过随机函数产生位置坐标和亮度。控制 LED 灯的模块如图 4-32 所示。

参考程序

参考程序如图 4-33 所示。

图 4-32　灯光模块　　　　　　　　　　图 4-33　参考程序

任务 4　检测机器人行进障碍

机器人在前进过程中不断检测前方是否存在障碍，如果有障碍，则机器人会后退 1 秒，然后停止、转弯或继续前进。但考虑到可能出现的情况，通过一个碰撞传感器制作一个紧急制动装置，当人为按下碰撞传感器时，机器人也会后退并停止。

端口设置

端口	A	B	C	D	E	F
器材			电机	电机	力传感器	超声波传感器

算法分析

本任务中我们要用到无限循环模块和中止模块。无限循环是指无限次的循环过程，它可视作条件循环的一种特殊情况。中止即通过指令，停止某一程序的运行，SPIKE 软件提供了中止积木，如表 4-3 所示。

表 4-3　无限循环模块和中止模块

编 程 说 明	描　　述
重复执行	功能：无限次循环
停止其它程序堆	功能：中止其他程序
停止　所有 ▼	功能：中止所有程序或本程序

本任务中需要同时进行障碍物检测和碰撞检测，因此可以采取双线程的设计方式。

一个线程用于机器人的行走和避障，另一个线程用于检测力传感器是否发生触碰，如果发生触碰，则中止机器人行走程序。

参考程序

（1）行走并检测障碍物的程序如图 4-34 所示。

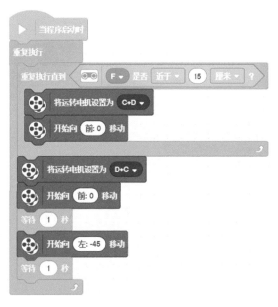

图 4-34　行走并检测障碍物

（2）检测是否发生触碰程序如图 4-35 所示。

（3）其中用到了等待积木，如图 4-36 所示，它表示只有条件满足时才会继续执行以下程序。

图 4-35　是否发生触碰

图 4-36　等待模块

它相当于一个条件循环，只不过是当条件没有满足时，进行空循环（什么也不做），以下两个程序功能是完全相同的，如图 4-37 所示。

图 4-37　两个等效的程序

任务 5　制作单控开关

使用力传感器制作一个单控开关，当按一下触碰传感器时机器人屏幕显示笑脸，再按一下触碰传感器时机器屏幕显示张开的牙齿。

端口设置

端口	A	B	C	D	E	F
器材						力传感器

算法分析

这一任务是通过力传感器实现两个屏幕的依次出现，可以选用变量奇偶的重复出现来对应屏幕的内容。

可以用变量除 2 的余数来判断变量的奇偶性，如果余数为 0，表示变量为偶数，否则为奇数。

单控开关应用很广泛，我们可以结合这一程序举一反三，将这种解决问题的思路应用到更多研究与设计中。

参考程序

参考程序如图 4-38 和图 4-39 所示。

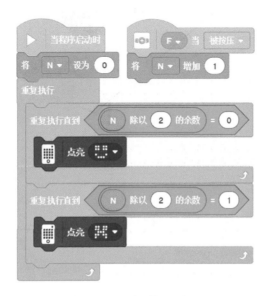

图 4-38 参考程序 1

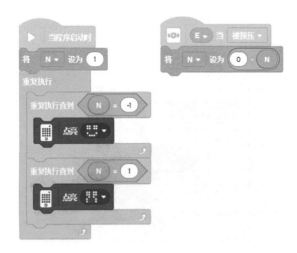

图 4-39 参考程序 2

任务 6　不会掉落的小车

当小车在桌面上行驶时会自动检测桌面，小车行驶到边缘时，会停止、后退、转弯、前行，如图 4-40 所示。

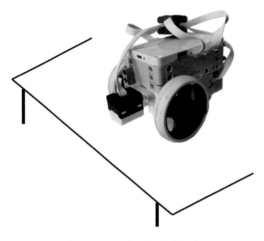

图 4-40　机器人场地

端口设置

端口	A	B	C	D	E	F
器材			电机	电机	颜色传感器	

算法分析

桌面行驶的小车通过颜色传感器或超声波传感器检测桌面，当处于桌面边缘时检测值会发生较大变化，此时可以通过停车、后退、转向等方式避开危险。

为了获得更多的反应时间，本任务中采用颜色传感器，在安装颜色传感器时尽量加长其与车体的距离，如图 4-41 所示。

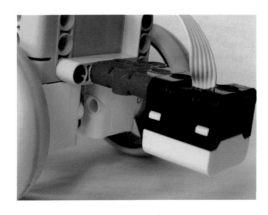

图 4-41　加长与车体的距离

为重复检测是否处于桌面边缘，我们选择无限循环中嵌套条件循环。

当未检测到边缘时，小车向前运动。

如果检测到反射光小于某个数值（阈值）时，停止运动，后退、转向。

参考程序

参考程序如图 4-42 所示。

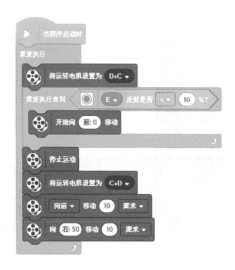

图 4-42　参考程序

任务 7　循线运动

通过颜色传感器检测黑线，并沿黑线运动，如图 4-43 所示。

图 4-43　循线运动

端口设置

端口	A	B	C	D	E	F
器材			电机	电机	颜色传感器	

算法分析

（1）机器人循线是一个常见的机器人比赛项目，可以通过颜色传感器让机器人感知黑线的位置，并调整左、右电机速度从而实现沿线行走。

（2）当颜色传感器检测到反射光值较小时说明压在黑线上，这时需要使机器人向左偏转；反之，如果检测到的反射光值较大，说明颜色传感器偏离黑线，需要使机器人向右偏转，如图 4-44 所示。

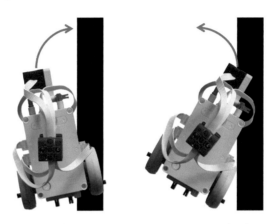

图 4-44   检测到较大反射光值和较小反射光值的反应

（3）使用无限循环嵌套两个条件循环的方式编写程序，两个条件循环分别为检测到黑线和未检测到黑线两种情况。

参考程序

参考程序如图 4-45 所示。

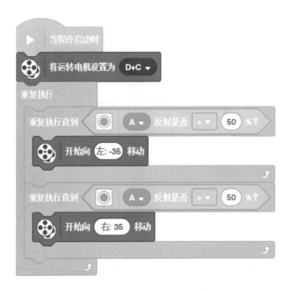

图 4-45   参考程序

选择结构

选择结构就是在程序运行中对程序的走向进行选择，以便决定执行哪一种操作。SPIKE 软件提供了选择结构模块，如图 4-46 所示。

在多种条件的情况下，对应的选择模块如图 4-47 所示。

图 4-46　选择结构模块

图 4-47　多种条件选择模块

这是一个两种情况的选择，如果满足条件，执行某一指令，否则，执行另一指令。这一指令外形与条件循环有些类似，请注意在使用时不要搞混。

任务 1　掷色子游戏

制作一个掷色子的游戏，当力传感器发生触碰时，屏幕随机出现对应图案。

端口设置

端口	A	B	C	D	E	F
器材					颜色传感器	

算法分析

（1）掷色子涉及一个不确定的随机性问题，要用到随机函数。可以通过随机数模块产生一个 [1，6] 的随机数值。

（2）建立一个变量用于存储产生的随机数。

（3）力传感器检测可以有三种反馈，如图 4-48 所示。

被用力按压显然不是这一任务要考虑的，那么被按压是否可以呢？当检测到被按压时，程序上如果没有设置等待时间，就会发生连续读取检测数值的情况。相比而言，检测被松开状态是最方便的。

图 4-48　传感器检测

（4）通过选择结构进行判断，每一个数值对应一个屏幕图案，如图 4-49 所示。

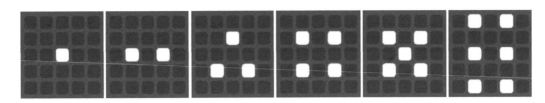

图 4-49　对应图案

参考程序

参考程序如图 4-50 所示。运行程序观察效果。

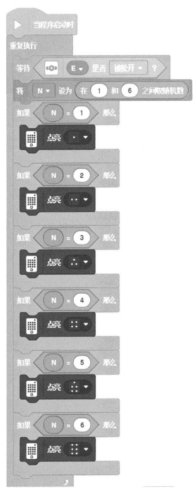

图 4-50　参考程序

任务 2　制作一个石头、剪刀、布游戏

如图 4-51 所示，可以通过输入数值 1、2、3 分别表示石头、剪刀、布，与计算机输出的结果进行比较，如果赢局则显示笑脸，否则显示哭脸。

图 4-51　石头、剪刀、布

端口设置

端口	A	B	C	D	E	F
器材					力传感器	

算法分析

（1）石头、剪刀、布是一个很简单的游戏，体现了人机对弈效果，是一个适合学生游戏和制作的程序。通过这一程序可以学习逻辑中的"或""与"功能。

（2）建立变量 M，通过左、右键实现加、减效果，进而实现 [1，3] 数值的输入。

（3）每一数值对应一个"石头、剪刀、布"的选择。

（4）通过检测力传感器确定输入的数值（选择），当检测到被按压时进行广播。

（5）当收到消息时，程序产生一个 [1，3] 的随机数 R，实现机器的选择。

（6）人输入的选择与机器人选择进行比较，规定数字和选择的对应关系为石头：1；剪刀：2；布：3。

人选择M	机器选择R	胜负
1	2	人胜
2	3	人胜
3	1	人胜
1	3	人负
2	1	人负
3	2	人负
1	1	平
2	1	平
3	1	平

写成逻辑关系如下。

当 M＝1、R＝2，或：当 M＝1、R＝2，或：当 M＝3、R＝1 时，人胜；

当 M＝2、R＝1，或：当 M＝3、R＝2，或：当 M＝1、R＝3 时，人负；

其他情况为平。

参考程序

建立变量，通过输入进行选择，如图 4-52 所示。通过力传感器确定输入的选择，如图 4-53 所示。

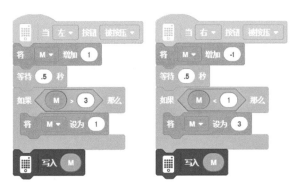

图 4-52　选择输入　　　　　　　　　　　图 4-53　确定选择

比较人与机器的选择，并进行判断和显示，如图 4-54 所示。

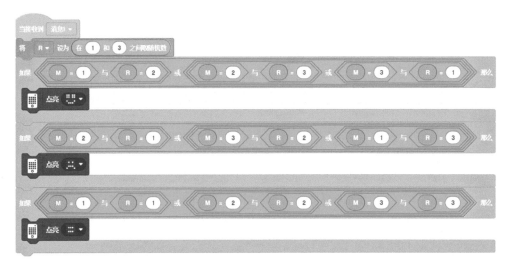

图 4-54　比较游戏结果

任务 3　制作测力计

制作一个可以通过力传感器进行测量，并由屏幕图案显示力大小的测力计。

端口设置

端口	A	B	C	D	E	F
器材					力传感器	

算法分析

（1）建立变量 F，用于存储力传感器的检测值。

（2）力传感器的测量值范围为 [0，10]，屏幕的高度为 5，为此我们通过图案高度显示力的大小就要设置区间的对应关系，如表 4-4 所示。

表 4-4   图案与力的对应关系

力的检测值	0	F>0 and F≤2	F>2 and F≤4	F>4 and F≤6	F>6 and F≤8	F>8 and F≤10
图案						

（3）使用逻辑和比较模块进行组合，当 F>0 and F≤2，表示如图 4-55 所示。

参考程序

参考程序如图 4-56 所示。

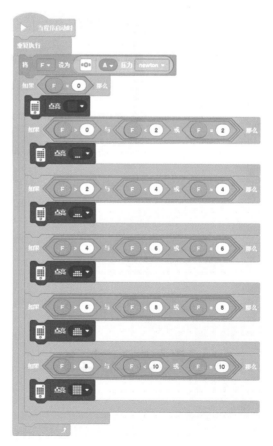

图 4-55   逻辑和比较   图 4-56   参考程序

任务 4   制作密码锁

通过智能集线器的左、右键输入字符，当输入密码与预先存入的密码相同时，屏幕显示正确，否则显示错误。

端口设置

端口	A	B	C	D	E	F
器材	力传感器					

算法分析

（1）密码问题需要解决以下三个过程：如何事先存储密码、如何输入字符以及如何判断是否正确。

（2）可以通过建立两个变量来设置密码，将字符问题变成对应的数值问题，通过比较两个数据来判断密码是否正确。

（3）建立一个列表，预先输入 A、B、C、D、E、F、…，如图 4-57 所示。

图 4-57   预设的列表

（4）通过智能集线器上的左、右键可以在屏幕上观察并选择输入的字符，如图 4-58 所示。

（5）确定输入，如图 4-59 所示。

图 4-58   选择输入的字符

图 4-59   确定输入

（6）通过读取列表中所选字符的索引值（第几项），与事先设置的密码进行比较，判断是否正确并显示。

参考程序

参考程序如图 4-60 和图 4-61 所示。

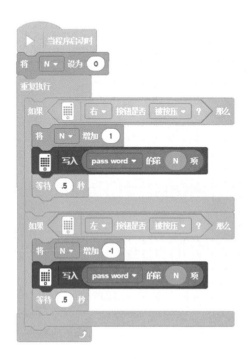

图 4-60　参考程序 1

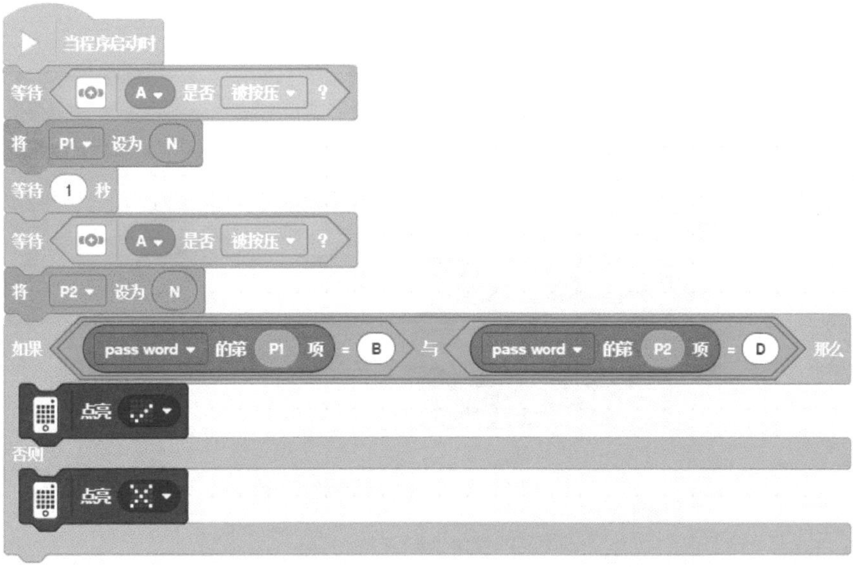

图 4-61　参考程序 2

在这一程序中可以通过增加变量的方式增加密码的安全性。请运行程序并观察效果。

任务 5   执法的红绿灯

智能集线器按钮灯光可以模拟红绿灯效果，按绿—黄—红三色顺序变化，当红灯出现时，如果超声波传感器检测到有物体（模拟有人通行），超声波上灯光闪一次（模仿拍照效果）。

端口设置

端口	A	B	C	D	E	F
器材						超声波传感器

算法分析

（1）本程序需要考虑两个线程的任务，其一为可以顺序出现的灯光，其二为处于其中一种状态时检测的结果及反应。

（2）控制三色灯光，可以选用顺序结构指令，因为我们要在红灯出现时进行超声波检测，所以我们选用变量控制灯光的颜色，让变量取值对应不同的颜色。

（3）建立变量N，让N取值为 [1，3]，分别对应红绿黄三种颜色。

（4）当变量取值为1时，如果检测到障碍物，则超声波上灯光闪烁。

参考程序

参考程序如图 4-62 和图 4-63 所示。

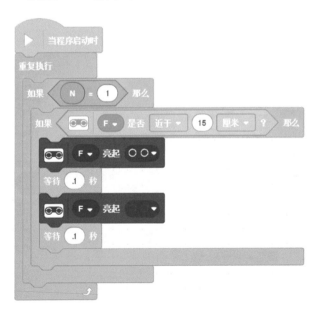

图 4-62   参考程序 1

图 4-63　参考程序 2

任务 6　制作双控电路

使用力传感器和超声波传感器，制作一个双控电路，触碰力传感器可以开关屏幕的灯光，通过超声波传感器检测是否有障碍物可以达到同样的效果。

端口设置

端口	A	B	C	D	E	F
器材					力传感器	超声波传感器

算法分析

（1）本任务中使用的控制电路开关一个为力传感器，一个为超声波传感器。

（2）任一开关都可通过触发获得交替出现的变量 1 和 -1。

（3）以变量 F、U 表示力传感器和超声波传感器所引发的状态。

（4）灯光开关与两变量的逻辑关系，如表 4-5 所示。

表4-5 逻辑关系

F	U	灯 的 状 态
1	1	开
−1	−1	开
1	−1	关
−1	1	关

用积木指令表示，图4-64所示灯为开的状态。

图 4-64 灯为开的状态

图4-65所示灯为关的状态。

图 4-65 灯为关的状态

参考程序

参考程序如图4-66所示。

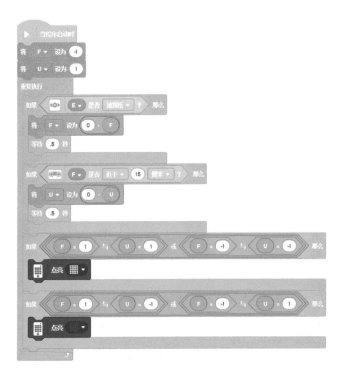

图 4-66 参考程序

拓展与提高

（1）让机器人按指定路线行走，场地如图 4-67 所示。

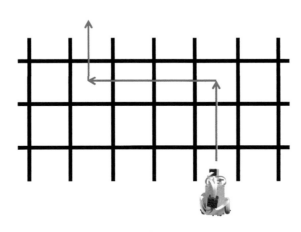

图 4-67　机器人场地

建议

建立变量用于存储经过的黑线数值，经过 2 黑线，左转 90°，直行，再经过 3 黑线，右转直行即可完成任务要求。

（2）设置迷宫场地。随意组成迷宫场地，如图 4-68 所示，其中黑色部分表示有一定高度的障碍物，可以让机器人检测到，设计程序让机器人从入口进入，从出口离开。

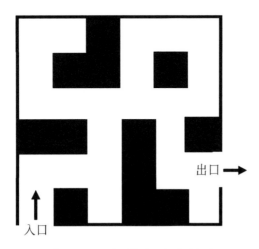

图 4-68　机器人迷宫场地

建议

可以采用双传感器进行检测，用超声波传感器或颜色传感器检测左侧是否有障碍物，用力传感器检测前方是否有障碍物。

选择左手定则：

① 如果左侧没有障碍，向左转 90°。

② 如果左侧有障碍，检测前方；如果前方没有障碍，向前行走。

③ 如果左侧、前方都有障碍，右转 90°。

④ 重复①～③即可走出迷宫。

第五节

子 程 序

乐高 SPIKE 提供了"我的模块"功能,"我的模块"即根据编程需要自己定义并建立一个子程序模块,子程序是根据编程中经常出现的一种程序结构而设置的功能模块。利用这一模块可以很方便地在程序中多次调用事先编好的子程序,提高程序设计的准确性和简化编程过程。

选择我的模块——建立新的积木,可以建立我们自己的子程序模块,如图 5-1 所示。

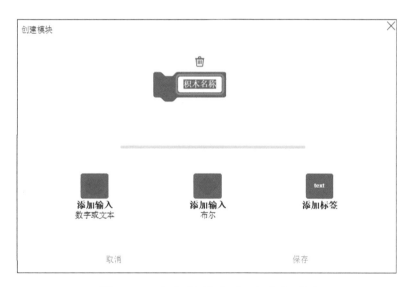

图 5-1　建立新的积木(子程序)

在此可以建立三种类型的子程序模块,如下所述。

布尔式

子程序模块与布尔输入有关,通过布尔输入,子程序模块可以反馈一个布尔值("真"或"假")。

任务 1　检测布尔值输入

检测布尔值的输入,如果输入为"T",则屏幕输出为██; 否则输出为██。

端口设置

端口	A	B	C	D	E	F
器材	力传感器					

算法分析

（1）我的模块中制作新的积木，选择"添加输入布尔"，当布尔值为真时，则屏幕输出为▨；否则输出为▨，如图 5-2 所示。

图 5-2　布尔式子程序

（2）其中布尔值可以是力传感器检测是否发生了触碰，也可以是任何一种"真""假"的检测。

参考程序

以下两个程序效果是一样的。

程序 1 如图 5-3 所示。

程序 2 如图 5-4 所示。

图 5-3　程序 1

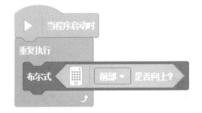

图 5-4　程序 2

任务 2　建立子程序

建立一个具有两个布尔值参量的子程序。两个布尔值为"真"时，屏幕为▦；否则为▨。

算法分析

（1）任务1中建立了具有一个布尔值参量的子程序，根据编程的需要，我们可以扩充输入的布尔值。

（2）建立双布尔参量子程序模块，如图5-5所示。

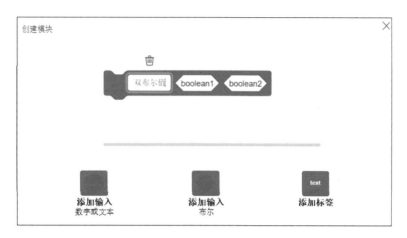

图5-5 双布尔输入子程序模块

参考程序

（1）编写子程序，当有两个布尔值为"真"时，屏幕为▦；否则为✛，如图5-6所示。

图5-6 子程序

（2）主程序如图5-7所示。

图5-7 主程序

标签式

子程序模块可以独立完成某种功能，为主程序调用，方便完成程序的编写。

任务 输入数字，读取字符

通过智能集线器左、右按键输入一个 1~3 的数字，并读取列表对应项上的字符。

算法分析

（1）建立一个列表，如图 5-8 所示。

图 5-8 建立一个列表

（2）建立一个通过智能集线器左、右按键控制的 1~3 的输入子程序。

① 建立一个变量 N，当按左键时，变量 N＝N＋1，当变量 N＝4 时，将变量 N 设为 1，如图 5-9 所示。

② 当按右键时，变量 N＝N–1，当变量 N＝0 时，将变量 N 设为 3，屏幕上显示数字 N，如图 5-10 所示。

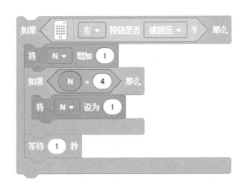

图 5-9 控制输入的数字 1

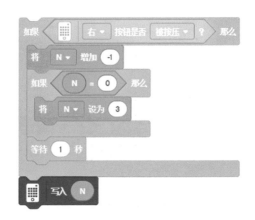

图 5-10 控制输入的数字 2

（3）完整的子程序如图 5-11 所示。

参考程序

主程序如图 5-12 所示。

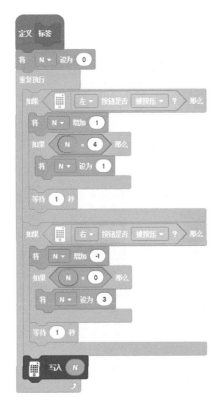

图 5-11　子程序

图 5-12　参考程序

数字式

子程序模块与数值输入有关，通过数值输入，子程序模块可以反馈相应的运算结果。

任务 1　建立指定项目数列表

建立一个指定项目数的列表，用随机数产生列表中的每一项并在屏幕上显示。

算法分析

（1）由于程序要求是指定项目数的列表，用随机数产生列表中的每一项，因此我们可以制作一个建立列表的子程序，如图 5-13 所示。

（2）列表长度随主程序中的参数值而决定，如图 5-14 所示。

参考程序

参考程序如图 5-15 所示。

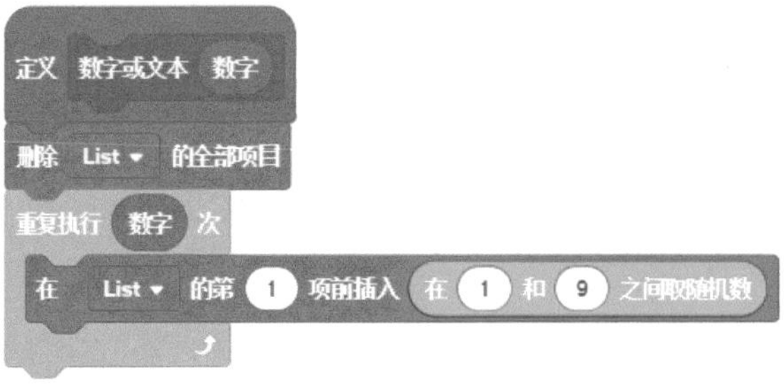

图 5-13   建立子程序

图 5-14   列表

图 5-15   参考程序

任务 2   建立双数值输入子程序

建立一个双数值输入的子程序，当两个数值分别大于指定值时显示▦；否则显示▨。

算法分析

（1）建立一个具有两个数字参量的子程序，如图 5-16 所示。

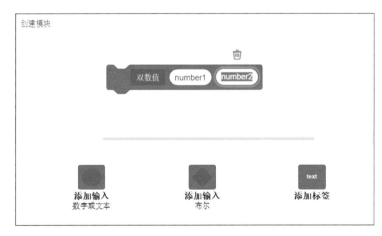

图 5-16   两个数字参量的子程序

（2）对两个数值的判断条件如图 5-17 所示。

图 5-17　条件

（3）子程序如图 5-18 所示。

参考程序

主程序如图 5-19 所示。

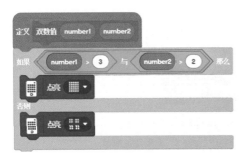

图 5-18　子程序

图 5-19　主程序

拓展与提高

（1）利用多任务方式解决复杂状态机问题，状态机要求如图 5-20 所示。

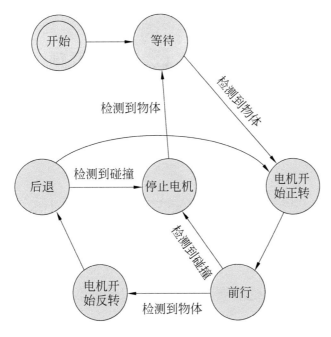

图 5-20　状态机

建议

多任务方式需要同时检测以下两种信息。

① 用超声波传感器检测是否出现了物体，如果出现了物体，则电机开始启动，当再次检测出现物体时，电机反向。

② 检测是否发生了碰撞，如果发生了碰撞，则停止运动，两个检测互不影响。因此，可以作为两个独立的线程来完成。

参考程序

参考程序如图 5-21～图 5-23 所示。

图 5-21　参考程序 1　　　　图 5-22　参考程序 2　　　图 5-23　参考程序 3

（2）制作一个具有循线运动和检测障碍物功能的机器人小车，当发现障碍物时，停止运动。

建议

因为机器人同时具有两种检测要求，我们可以采取双线程的方式建立两个子程序，分别用于循线和检测碰撞。

参考程序

参考程序如图 5-24 和图 5-25 所示。

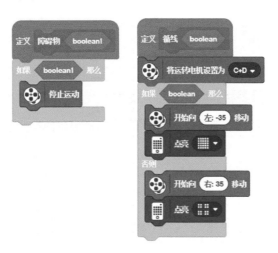

图 5-24 建立两个子程序

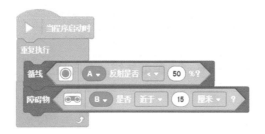

图 5-25 主程序

第六节
创意与制作

　　Prime 科创套装提供了多种传感器可供使用，与程序结合，我们可以借助这些传感器制作出新的作品，通过设计、制作、调试，不断改进让设想变成完整的作品。

音乐播放器

　　制作一个音乐播放器，通过调整智能集线器的角度播放不同的音乐。

算法分析

　　（1）智能集线器所处的角度对应传感器模块的方向检测。不同的放置角度可以反馈不同的数值，如表 6-1 所示。

表 6-1　智能集线器方向和反馈值

方向						
反馈值	3	5	6	4	1	2

　　（2）通过检测智能集线器方向的检测值确定程序的选择条件。

　　（3）通过"我的模块"建立不同的音乐播放子程序。

　　（4）选用多条件选择结构编写程序，可以针对不同的检测结果设置播放内容。

　　（5）建立两个程序线程，分别放置屏幕内容和音乐播放程序。

参考程序

　　参考程序如图 6-1 和图 6-2 所示。

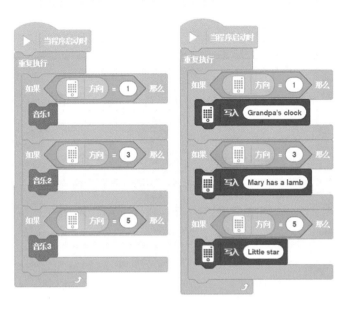

图 6-1 参考程序 1

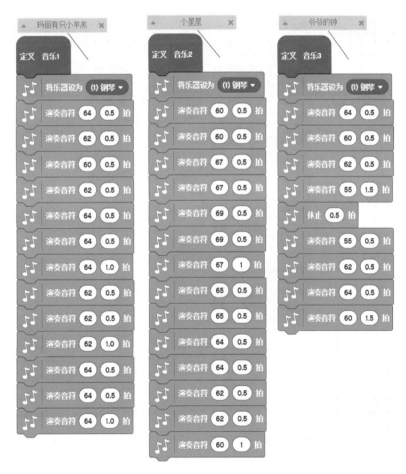

图 6-2 参考程序 2

计算器

制作一个计算器，输入 A、B 可以进行加、减、乘、除的运算。

算法分析

（1）要实现加、减、乘、除的运算，我们可以建立一个选择运算方式的子程序，如：当正面向上则为加、左面向上则为减、右面向上则为乘、底面向上则为除。

（2）建立一个输入 X、Y 值的子程序，可以通过左、右键输入 X、Y 的值。

（3）通过输入 X、Y 值并选择运算方式即可实现任务的要求。

参考程序

参考程序如图 6-3 所示。

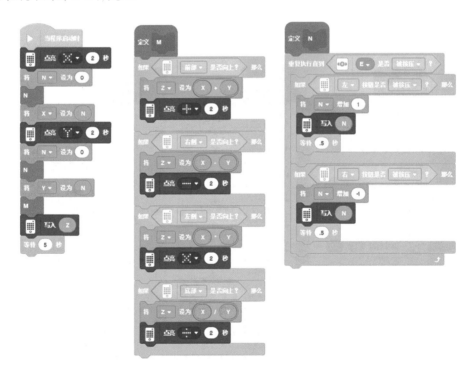

图 6-3　参考程序

测量运动速度

任务 1　使用颜色传感器测量机器人运动速度

机器人场地如图 6-4 所示。已知 L1、L2 长度，使用颜色传感器并利用场地上靠近的两条线测量机器人运行的速度，并判断机器人小车是否在做匀速运动。

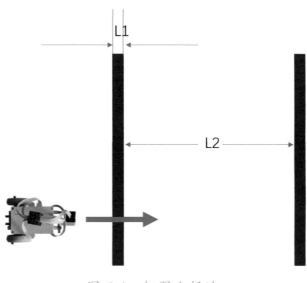

图 6-4 机器人场地

端口设置

端口	A	B	C	D	E	F
器材	颜色传感器		电机	电机		

算法分析

（1）使用传感器测量两事件的时间间隔是理化实验中经常用到的方法，掌握这一方法，举一反三，可以设计多种实验，对于探究性学习有很大的帮助。

（2）本例中选用颜色传感器检测黑线的方式记录两个事件的时间间隔。当检测到黑色时记录时间 T1，当检测到白色时记录时间 T2，已知 L1 的长度，可以计算通过第一条黑线时的平均速度为

$$V1=L1/（T2-T1）$$

（3）同样可以获得通过第二条黑线时的平均速度：

$$V2=L1/（T4-T3）$$

（4）比较 V1、V2，如果两个速度不相同，就可以知道机器人小车不是在做匀速运动。否则是匀速运动。

参考程序

参考程序如图 6-5 所示。

在监视器中我们可以读取变量 T1、T2、T3、T4 的数值，用于速度的计算，如图 6-6

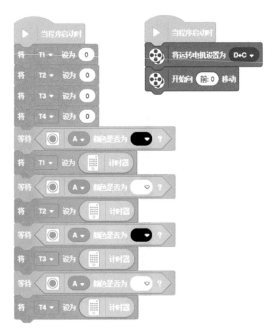

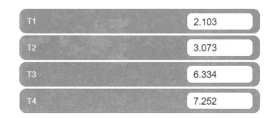

图 6-5　参考程序　　　　　　　　　　图 6-6　读取数值

所示。

可以继续完善这一程序，在屏幕中直接获得平均速度，请想一想，应该如何改写程序。

任务 2　使用超声波传感器测量机器人运动速度

使用超声波传感器同样可以进行速度的测量，如图 6-7 所示，机器人小车在场地上行走，检测与障碍物的距离并记录时间，通过这一方式可以获得机器人小车的运动速度和加速度。

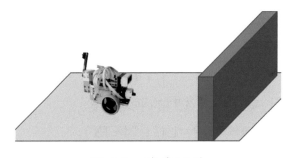

图 6-7　速度测量

端口设置

端口	A	B	C	D	E	F
器材		力传感器	电机	电机	超声波传感器	

算法分析

（1）选择力传感器通过输入的方式可以改变运动的速度，从而使得测量的数据更为丰富和多样。

（2）使用超声波传感器测量小车与障碍物间的距离，同时记录不同时刻小车与障碍物的距离，就可以获得每一单位时间运动的距离。

（3）可能建立一个列表记录测量的数据。

参考程序

（1）在运动时每触碰（松开）一次力传感器，则运动速度增加 20%，程序如图 6-8所示。

图 6-8　触碰改变速度

（2）建立列表，将时间和距离记录并存入列表中，如图 6-9 所示。

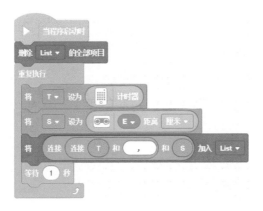

图 6-9　将时间和距离记录并存入列表

（3）监控器记录的数据如图 6-10 所示。

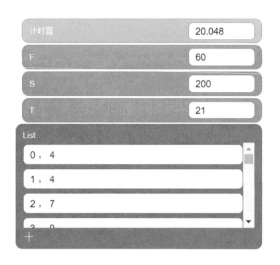

图 6-10   记录的数据

与任务 1 一样，我们考虑一下，如何改进程序可以方便地获得速度等数据。

分类收纳器

制作一个收纳器，通过颜色传感器检测乐高积木的颜色，分别对不同颜色乐高积木计数，并使用电机进行分类。

端口设置

端口	A	B	C	D	E	F
器材	颜色传感器				电机	

算法分析

（1）本任务要求检测颜色、计数并因检测到不同颜色而控制电机转动角度的不同。

（2）建立变量 R、G、B 用于存储红色、绿色、蓝色乐高块的数量。

（3）为了查看数据方便，可以建立一个列表，用于存储以上变量。

（4）当检测到某一颜色的乐高块时，对应的变量加 1，存入列表并发出一个相应的广播。

（5）当收到某一广播消息时，电机会启动转动到指定角度，然后恢复到初始位置。这一电机的转动可以将不同颜色乐高块进行分类收纳。

参考程序

（1）检测并更新列表中的数据，发出广播，如图 6-11 所示。

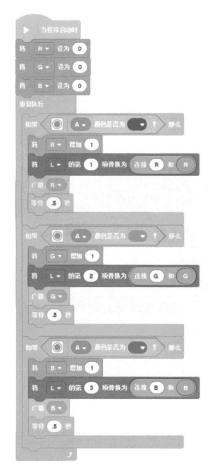

图 6-11　检测、更新数据、发布广播

（2）接收广播电机运动不同的角度，如图 6-12 所示。

（3）显示列表内容，如图 6-13 所示。

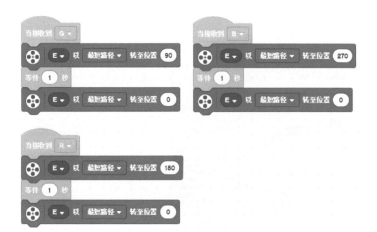

图 6-12　电机运动实现分类收纳　　　　图 6-13　显示列表内容

运动检测器

为了科学地进行体育锻炼，我们在运动时要对运动量以及身体状态进行检测，如现在我们经常见到的运动手环就是对运动进行检测的装备，如图 6-14 所示。

图 6-14　运动手环

使用 Prime 科创套装制作一个可以检测做了多少次运动的检测仪，并将数字显示在屏幕上。

对于检测运动，要使用到智能集线器中的 6 轴陀螺仪，这一传感器可以提供倾角、方向、陀螺仪速率、加速度的检测，其中倾角又包括了偏航角、俯角、横滚角的不同信息，下面逐一加以说明。

对于 6 轴陀螺仪的检测，首先要规定智能集线器的坐标方向与坐标初始方向，坐标方向如图 6-15 所示，初始方向为智能集线器启动时的坐标轴方向。

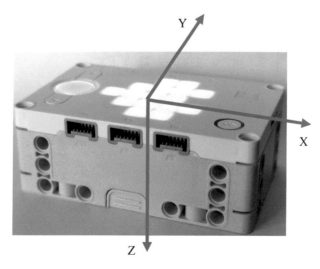

图 6-15　坐标方向

偏航角

偏航角为智能集线器 X' 轴在初始坐标 XY 平面的投影与初始 X 轴的夹角，顺时针取正值，逆时针取负值，取值范围 [−179，179]，如图 6-16 所示。

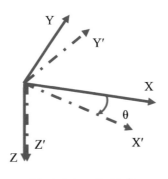

图 6-16　偏航角

俯角

俯角为智能集线器 X' 轴在初始坐标 XZ 平面的投影与初始 X 轴的夹角。顺时针取负值，逆时针取正值，取值范围 [−90，90]，如图 6-17 所示。

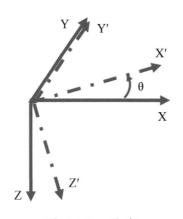

图 6-17　俯角

横滚角

横滚角与初始状态无关，智能集线器前部向上，横滚角为 0。左侧高于右侧，则横滚角为正，右侧高于左侧，则横滚角为负，取值范围 [−90，90]。

另一经常要用到的检测就是对加速度的检测，由于地面上有重力加速度的影响，智能集线器所处的角度会让 X、Y、Z 轴三个方向的重力加速度不同，如果除重力外另有力的作用，力的方向和大小可以通过加速度的检测而获得。

除此之外，陀螺仪还可以让我们很方便地判断哪一面向上，指令如图 6-18 所示。

图 6-18　方向判断

通过对哪一面向上的判断，可以很方便地制作运动检测器。

算法分析

（1）我们将智能集线器固定在手臂上，在举臂运动中，智能集线器哪一面向上会发生周期性变化，通过记录这一数值从而可以实现对运动的检测。

（2）建立变量，记录智能集线器顶部向上的次数，即为手臂向上运动的数值。

（3）预定运动次数 100 次，当满足这一运动次数后，程序自动退出，并显示笑脸。

参考程序如图 6-19 所示。

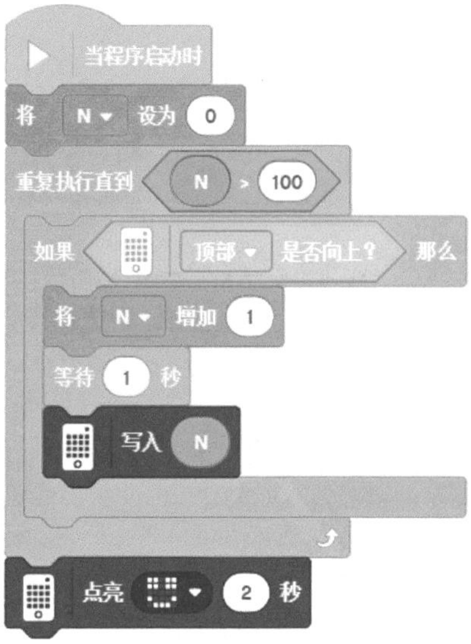

图 6-19　参考程序

平衡仪

自动平衡功能已经受到了广泛的应用，如平衡车就是这样一款产品，如图 6-20 所示。

图 6-20　平衡车

运动中，平衡车总会保持水平，这是对平衡仪原理的一个应用。

端口设置

端口	A	B	C	D	E	F
器材					电机	

算法分析

（1）平衡仪需要使用电机进行结构设计，通过程序使得无论如何放置，电机指针永远水平，即可实现平衡的效果。

（2）可以通过加速度值在某一坐标的分量进行检测，从而获得结构所处的方位角度，进而调整电机的角度，即可保持指针方向不变。

参考程序

参考程序如图 6-21 所示。

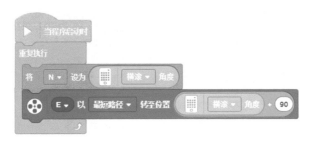

图 6-21　参考程序

游戏制作

制作一个接苹果的游戏，苹果随机出现，从上向下掉落，游戏者可以控制果盘在底部左、右移动，如果接住了苹果，则加一分，晃动智能集线器可以显示分数并结束游戏。

算法分析

（1）这一游戏要实现以下几个功能。

① 随机出现的苹果从上向下掉落，当到达底部时，屏幕上方出现新的苹果。

② 可能左、右控制的果盘通过左、右键可以控制果盘的移动。

③ 如果果盘位置和苹果位置重合，则加分。

④ 晃动智能集线器可以显示分数并结束游戏。

（2）建立变量 X、Y 用于设置苹果的坐标，X 可以随机选择 [1,5]，Y 从 1~5 依次出现，模拟下落效果。

（3）建立变量N，通过左、右键输入变量N的大小，N的取值范围[1，5]，果盘坐标为（N，5）。

（4）如果X＝N and Y＝5，则表示苹果与果盘重合，表示接住了苹果，得1分。

参考程序

（1）控制果盘运动，如图6-22所示。

（2）苹果运动和得分判断如图6-23所示。

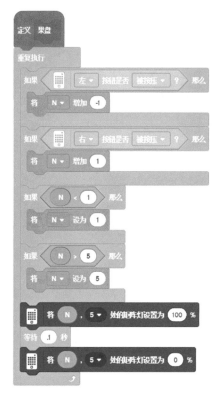

图6-22　控制果盘程序

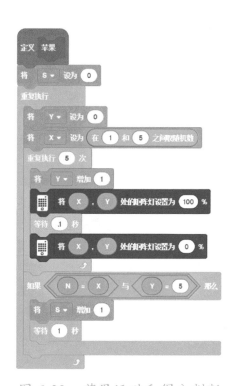

图6-23　苹果运动和得分判断

（3）主程序如图6-24所示。

（4）查看分数结束游戏，如图6-25所示。

图6-24　主程序

图6-25　查看分数结束游戏

模型搭建（Happy dog）

1	
2	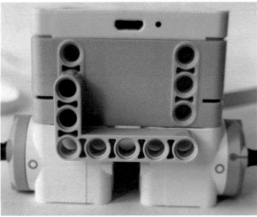
3	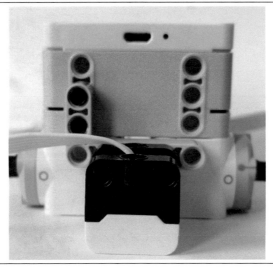

4	
5	
6	
7	

续表

8	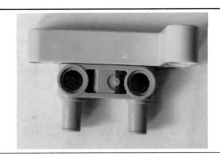
9	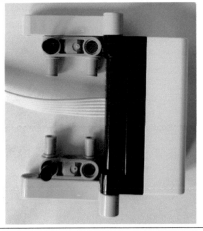
10	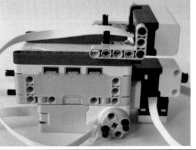
11	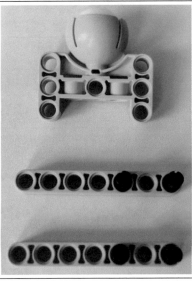

12	
13	
14	
15	
16	

17	
18	
19	

续表

20	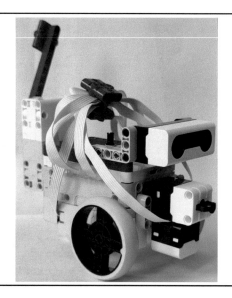

端口设置

端口	A	B	C	D	E	F
器材	大电机	力传感器	左电机	右电机	颜色传感器	距离传感器

连接

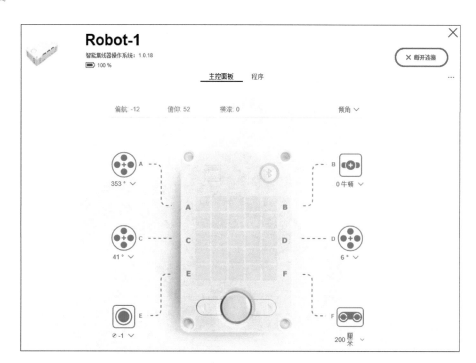